数学家的发现

公元前后的千年

蔡天新◎著　黄乐瑶◎绘

北京科学技术出版社
100 层 童 书 馆

图书在版编目（CIP）数据

数学家的发现 . 公元前后的千年 / 蔡天新著 ；黄乐瑶绘 . —北京：北京科学技术出版社，2023.7
ISBN 978-7-5714-3043-6

Ⅰ. ①数… Ⅱ. ①蔡… ②黄… Ⅲ. ①数学史－世界－少年读物 Ⅳ. ① O11-49

中国国家版本馆 CIP 数据核字（2023）第 077237 号

策划编辑：余佳穗
责任编辑：郑宇芳
封面设计：沈学成
图文制作：杨严严
责任校对：贾　荣
营销编辑：赵倩倩
责任印制：吕　越
出 版 人：曾庆宇
出版发行：北京科学技术出版社
社　　址：北京西直门南大街 16 号
邮政编码：100035
电　　话：0086-10-66135495（总编室）
　　　　　0086-10-66113227（发行部）
网　　址：www.bkydw.cn
印　　刷：北京宝隆世纪印刷有限公司
开　　本：710 mm×1000 mm　1/16
字　　数：57 千字
印　　张：6
版　　次：2023 年 7 月第 1 版
印　　次：2023 年 7 月第 1 次印刷
ISBN 978-7-5714-3043-6

定　　价：45.00 元

前　言

　　人们常说，诗人和艺术家的工作是创造，数学家的工作是发现。的确，一个数学定理就像宝藏一样，等待着数学家去发现。

　　数学家之间的竞争也非常激烈。17世纪，英国数学家牛顿和德国数学家莱布尼茨之间就发生了微积分的"发明优先权"之争；19世纪，德国的"数学王子"高斯、俄国数学家罗巴切夫斯基和匈牙利数学家鲍耶分别独立创立了非欧几何学。

　　其实，创造和发现并无高低之分，依照我个人的经验，两者都需要勤奋和敏感的特质，都能给人带来快乐。这里讲一则有趣的逸事：物理学家爱因斯坦和他的夫人在纽约拜访了表演大师卓别林，卓别林设家宴款待。席间主人问起相对论的发现过程。爱因斯坦的夫人绘声绘色地讲道，有一天吃早餐时，爱因斯坦神色异样，说自己有了新发现，他时而弹钢琴，时而记下什么。回书房后，爱因斯坦吩咐不让任何人打扰。两个星期后，爱因斯坦才走下楼，手里拿着一张写着相对论的纸。卓别林听后惊呼：爱因斯坦是纯粹的艺术家。

　　1908年，5岁的俄国小男孩柯尔莫哥洛夫自己偶然发现了一个规律：

$$1=1^2,$$
$$1+3=2^2,$$
$$1+3+5=3^2,$$
$$1+3+5+7=4^2,$$
$$\cdots$$

用文字表述就是，n 个连续的奇数相加恰好等于 n 的平方。这个结论可以对 n 用归纳法轻松证明，因此算不上是定理或命题。但对 5 岁的小男孩来说，这却是一次奇妙的经历，是一个激动人心的发现。因为这个发现，他从此迷上了数学。后来，柯尔莫哥洛夫成为 20 世纪最伟大的数学家之一，他是现代概率论的开拓者，并且桃李满天下。

高斯曾说过："数学提供给我们一座用之不竭的宝库，里面储满了有趣的真理，这些真理不是孤立的，而是紧密地相互联系在一起。"

本系列采撷了 18 个关于数学的故事，介绍了 20 多位中外数学家的发现，按照时间顺序，分成公元前后的千年、中世纪和十七世纪、近代和现代世界 3 册。感谢插画师黄乐瑶女士，为这套书绘制了风格独特的插图，她对不同民族的人物造型、服饰和建筑风格都有细致的了解。

既然数学宝库是用之不竭的，那么我们就不必担心数学家的灵感有一天会枯竭。事实上，进入 20 世纪以后，数学的分支越来越多，因为数学与自然的关系越来越密切。温习数学先辈的成果，常常能给我们带来温暖。

期待小读者学好数学，健康成长，一起享受数学发现的乐趣；也期待不久的将来，数学之花会在华夏大地上绽放得更加绚丽多姿。

蔡天新

2023 年春天于杭州天目里

目 录

泰勒斯

毕达哥拉斯

阿基米德

祖冲之

欧玛尔·海亚姆

如果说希腊人是科学方法之父，那么阿拉伯人就是它的义父。

——赫·乔·韦尔斯

谁发明了阿拉伯数字？

阿拉伯帝国

在神秘古老的中东地区，幼发拉底河和底格里斯河之间，有一片富饶的土地——美索不达米亚。希腊语里，"美索不达米亚"的意思是：在河

◆ 巴比伦空中花园

流之间。在被阿拉伯人占领以前，两河流域的文明曾经三度领先于世界：公元前 5000 年到前 2000 年的苏美尔文明，公元前 2000 年到前 1000 年的古巴比伦文明，公元前 600 年到前 500 年的新巴比伦王国。

古巴比伦文明

公元前 19 世纪初，活跃于美索不达米亚的阿摩利人的一支在巴比伦城建立了国家，这就是巴比伦第一王朝。巴比伦古城遗址在今伊拉克首都巴格达以南约 90 千米处。第六代国王汉穆拉比积极倡导科学，鼓励学术研究，同时颁布了著名的《汉穆拉比法典》。

苏美尔文明

两河流域孕育了苏美尔文明。公元前4300年，美索不达米亚出现了早期农业，随着农业的发展，苏美尔人逐渐建立起最早的城邦和社会文明。公元前3000多年，苏美尔人创造了古老的文字——楔形文字。这种文字书写方法很特别：用芦苇笔在软泥板上压刻，笔画一头粗、一头细，形状很像楔子。苏美尔人还制造出了最早的带轮的车子、帆船、犁，并率先建立了一批城邦，影响了当时的整个中东和希腊地区。

◆ 苏美尔城邦里的金字形神塔

　　阿拉伯半岛是世界上最大的半岛，它犹如一块巨大的楔子，插在最古老的两大文明发源地——古埃及和美索不达米亚之间。阿拉伯帝国成立后，国力逐渐强盛，和历史上所有的帝国一样，阿拉伯帝国开始了远征和扩张。阿拉伯帝国的军队先是向北挑衅波斯帝国，扫平了美索不达米亚、叙利亚和巴勒斯坦，然后向东到达印度，接着又一路向西，从拜占庭手中夺取了古埃及，横扫北非，直达大西洋，再向北穿越直布罗陀海峡，占领了西班牙。阿拉伯帝国可能是迄今为止疆域最为广阔的一个帝国。

◆ 阿拔斯王朝的士兵

巴格达的繁荣

　　巴格达（今伊拉克首都）位于美索不达米亚平原的中部，底格里斯河流经其城区，距离幼发拉底河也仅有约 30 千米，处于东西方的交通要道。公元 762 年，即中国唐代大诗人李白去世的那一年，阿拉伯帝国阿拔斯王朝定都巴格达，使巴格达成为阿拉伯世界的政治、经济、宗教中心。巴格达的繁华，是随着阿拔斯王朝的兴盛与日俱增的，并且在 9 世纪时达到巅峰。

◆ 巴格达智慧宫

　　巴格达海拔不高，是一个理想的航运中心。在它的繁盛时期，底格里斯河沿岸停泊着数百艘船只，有战舰，有游艇，有来自中国的大船，还有本地的羊皮筏子。当时的巴格达是古代丝绸之路上的商业贸易重镇。埃及的大米、小麦，叙利亚的玻璃、五金，波斯的香水、蔬菜，中国的瓷器、丝绸和麝香，印度和马来群岛的香料、矿物和染料，中亚突厥地区的红宝石、纺织品，俄罗斯和斯堪的纳维亚的蜂蜜、黄蜡和毛皮，东非的象牙和金粉，以及各种肤色的奴隶，都能在巴格达的市场上看到。巴格达是中世纪最繁华的城市之一，这座城市仅书店就有上百家，医生、律师、教师和作家的地位都很高。

百年翻译运动

公元 750 年之后，阿拉伯人开始大量翻译古希腊的学术著作，这项翻译运动持续了数百年。公元 830 年，巴格达建成了全国性的综合学术机构——智慧宫，这是一个包含了图书馆、科学院和翻译局的联合机构。

智慧宫为科学和文化的繁荣与发展做出了巨大贡献。在此之前，希腊学术著作的翻译是一项自由散漫的工作。智慧宫创立后，成为阿拉伯翻译运动的大本营，将翻译运动推向高潮。阿拉伯学者翻译了不下百种古希腊科学家和哲学家的著作，其中包括欧几里得的《几何原本》、托勒密的《天文学大成》和《地理志》、柏拉图的《理想国》等，这些影响人类历史进程的著作大多是在这个时期被译成阿拉伯文的。

　　在当时欧洲人几乎完全不知道古希腊的思想和科学的时候，这些希腊文著作已经有了阿拉伯文版本。百年翻译运动之后，阿拉伯人不仅掌握了波斯、印度、古希腊的各种学问，而且让它们为自己所用，开拓了一个具有独创性的科学发展时代。巴格达成了许多充满开拓精神的科学家、数学家、诗人、音乐家和哲学家的聚居地，并最终成为世界的数学和科学中心。

大约在公元 780 年，阿拉伯世界一位极具影响力的数学家和天文学家——花拉子密诞生了。他是智慧宫的主要领导人之一，对于数学贡献之大，在中世纪几乎无人可比，被后人称为"代数之父"。花拉子密编写了许多算术、代数学方面的著作，还编出了古老的天文表。他用代数方法解决了线性方程组和二次方程，率先给出了一元二次方程组的一般代数解法和几何证明，同时又引进了移项、同类项合并等代数运算的概念。花拉子密的著作浅显实用，流传至今。在其中一部名为《还原与对消之书》的书中，可追溯到"代数"一词的最早出处。在阿拉伯语里，al-jabr 意为还原移项，译成拉丁文后就成了 algebra，在英文中 algebra 意为代数学。

◆ 花拉子密

阿拉伯数字是印度人发明的吗？

1、2、3、4、5、6、7、8、9和0，你大概在上幼儿园前就能倒背如流。它们还出现在日历上、温度计上。它们是门牌号、电话号码、车牌号……1~7这7个数字，还可以直接唱出来——"do、re、mi、fa、sol、la、si"无处不在的阿拉伯数字真是阿拉伯人发明的吗？

阿拉伯数字其实是印度数字。

1881 年夏天，在今天巴基斯坦西北部一座叫巴克沙利的村庄里，一个农民在挖地时发现了写有文字的桦树皮——巴克沙利手稿，上面记载了公元前后几个世纪和数学相关的内容。

这份手稿内容丰富，涉及分数、平方数、比例、数列、收支与利润计算、级数求和与代数方程……手稿中还用到了"减号"，写法跟今天我们用的加号一样，只不过写在减数的右边，而加号、乘号、除号和等号则一律用文字表示。这份手稿的独特价值在于——出现了完整的十进制计数法，其中零用实心的点表示。

印度人还发明了"0"。

到 9 世纪，表示零的点逐渐演变成圆圈，即现在通用的"0"。用符号"0"表示零，是印度人的一大发明。它既表示"无"，又表示位值记数中的空位，可以与其他数一起计算。而无论是苏美尔人发明的楔形文字，还是我国春秋时期出现的中国筹算记数法，都没有出现零的符号，只留出了空位。

至于 1~9 这 9 个阿拉伯数字的雏形，它们也是印度人发明的，但具体的年代已无法考证。近代考古学家在印度一些古老的石柱和窑洞的墙壁上发现了这些数字的痕迹，其年代约在公元前 250 年至公元 200 年。

◆ 阿拉伯数字的演化过程

阿拉伯半岛隔阿拉伯海与印度相望。公元 771 年，即巴格达建都的第九年，有一位印度旅行家来到巴格达，他带来了两篇科学论文，其中一篇是印度数学家婆罗门笈多的论文，我们熟知的阿拉伯数字——阿拉伯人称之为印度数码——就是由这篇论文传入阿拉伯世界的。这些数码通过阿拉伯人的改造，接近现在的阿拉伯数字，并传播到了欧洲，欧洲人再把这些数码略加改变，成为现在的阿拉伯数字。直至今天，阿拉伯数字仍在全球范围内广泛使用。

水是万物之源，万物终归于水。

——泰勒斯

第一位留名的数学家

古希腊文明

　　古希腊是西方文明的发祥地，从旧石器时代起，希腊本土及其诸多岛屿便有人居住了。据考古学家分析，古希腊文明诞生于 2500 年前，比古埃及文明和古巴比伦文明的起源都晚。在广泛吸收西亚和埃及等地文化成就的基础上，古希腊人在数学、艺术、天文、哲学、建筑等领域做出了富有创造性的贡献。

在公元前 1000 年左右，希腊出现了"希腊字母"，这是世界上最早的有元音的字母系统，也是现代欧洲一切字母的来源。我们熟悉的希腊字母 α、β、π……在数学、物理、生物、化学、天文等学科中广泛使用。但希腊字母并不是希腊人创造的，而是从腓尼基字母演变而来的。

腓尼基字母

腓尼基字母是在今黎巴嫩发现的古代字母，自右而左书写，是迄今为止已经被破解的最古老的字母。腓尼基语是北闪米特语的一种。古希腊人对腓尼基字母进行了改进，最重要的改变是把原先字母中的五个辅音字母改为元音字母。

有了字母，古希腊文学便应运而生。古希腊文学是整个西方文学的源头，开创或完善了多种文学体裁，如神话、史诗、哀歌、抒情诗、戏剧、牧歌等。

第一位数学家泰勒斯

如果有人问你："世界上第一位数学家是谁？"你可以回答："泰勒斯。"约公元前 624 年，古希腊著名哲学家泰勒斯出生在小亚细亚（今土耳其亚洲部分西部）西南的米利都城，他被誉为"希腊七贤"之首，也是历史上第一位真正意义上的数学家。

米利都

　　米利都是当时希腊在东方最大的城市，也是伊奥尼亚地区的 12 座城邦之一。这里濒临大海，地处东西交通要道，当地人与西西里岛、意大利半岛以及中欧的人们进行贸易。米利都商业发达，人民思想较为自由、开放。这里走出了很多作家、科学家和哲学家。

　　泰勒斯曾游历埃及、巴比伦等地，在那里学习数学和天文学。除此以外，他还研究物理学、工程学和哲学，是一个渊博的学者。

　　泰勒斯创立了米利都学派。这一学派的学者并不满足于传统的神话创世说，他们通过自然现象探求真理，追问宇宙的本原——万物从哪里来，最后又回到哪里去。他们认为构成世界万物最基本、最原始的东西是一种物质性的东西。泰勒斯认为处处有生命和运动，一切从"水"中产生，最后又回归为"水"。

　　这里我们讲一则与水有关的轶事。有一次，泰勒斯用骡子运盐，一头骡子滑倒在溪流中，盐被溶解了一部分，骡子的负担顿时减轻了许多，于是每次经过小溪，骡子就打一个滚。为了改变这头骡子的恶习，泰勒斯让它驮上海绵，因为海绵吸水之后会重量倍增。当骡子再次在溪水中打滚后，发现背上东西不轻反重，从此这头骡子再也不敢投机取巧了。

泰勒斯逸事

我们对大名鼎鼎的泰勒斯了解得并不多，但一些文学和哲学名著里提到了泰勒斯的一些逸事，这也许是最早的数学故事。

有一次，泰勒斯运用丰富的天文、数学、农业和气象知识，经过周密的计算，断定下一年会是橄榄的丰收年。于是他变卖家产，用低廉的租金提前租借了本地所有的榨油机。第二年，橄榄果真获得大丰收，人们争相租用榨油机，导致榨油机供不应求。这个时候，泰勒斯转而以很高的价格出租榨油机，赚了一大笔钱。泰勒斯这样做并不是想成为富翁，而是想回应一些人对他的讥讽——如果你真聪明的话，为什么不能发财呢？同时他也希望通过他的行为告诉大家，他追求的不是钱，而是为了证明知识对人的生活是大有用处的。知识是无价之宝，是最伟大的力量！

还有一次，泰勒斯准确预测了日食的发生，平息了战乱。为了争夺小亚细亚地区，米底王国和吕底亚王国爆发了一场持续 5 年之久的战争。长时间的战乱导致尸横遍野、民不聊生。这时，泰勒斯预测某一天将有日食。他宣称：上苍反对战争，必用日食警告世人。果然，有一天两军将士正打得不可开交时，白昼忽然变成了黑夜，将士们惊恐万分，无心恋战。他们想起泰勒斯的预言，于是放下武器，停战和好。后世学者认为，当时泰勒斯预测日食的方法，可能是古代巴比伦人发现的沙罗周期。

沙罗周期

沙罗周期是天文学术语，即日食和月食发生的周期，周期长约 6585.32 天，相当于 18 年又 10.3（有 5 个闰年），或 18 年又 11.3 天（有 4 个闰年）。在每个沙罗周期内，约有 43 次日食和 28 次月食。

如何测量金字塔的高度?

在埃及,泰勒斯利用日影和杆高的比例关系成功算出金字塔的高度,这件事让他在异国他乡成了大明星。

一个艳阳天,在众人围观之下,泰勒斯在地上垂直插了一根杆子,等到杆子的影子长度与杆子的高度相等时,他测量了金字塔影子的长度。根据相似三角形原理,金字塔影子的长度就是其高度。不过,由于金字塔的底部较大,不是一个点,所以它的高度只能在特殊的日光角度下才能测准。

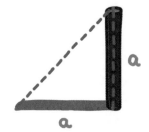
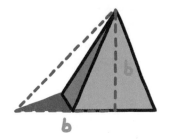

$a = a$ 杆子的高度 = 杆子影子的长度

$b = b$ 金字塔的高度 = 金字塔影子的长度

这个故事还有一个升级版: 泰勒斯在金字塔影子的端点竖立一根杆子, 借助阳光, 构成两个相似三角形。塔高与杆高之比等于两者影长之比, 从而计算出金字塔的高度。

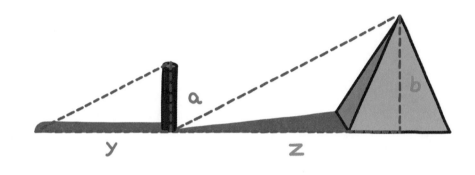

$$\frac{塔高\ b}{杆高\ a} = \frac{金字塔影长\ z}{杆子影长\ y}$$

泰勒斯定理

泰勒斯证明了包括泰勒斯定理在内的，平面几何中的 5 个定理，它们均被收入中学数学教科书。

泰勒斯定理：

半圆上的圆周角是直角。

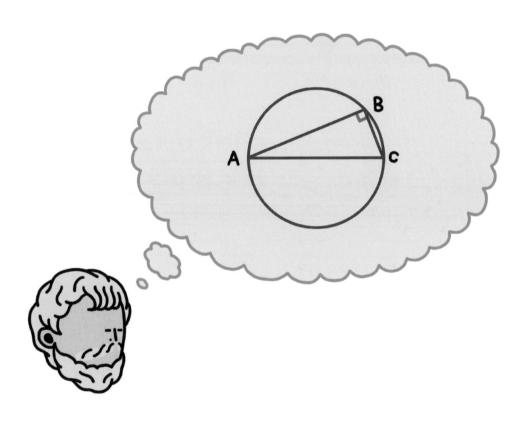

其他 4 个定理分别如下。

直径将圆分成面积相等的两部分。

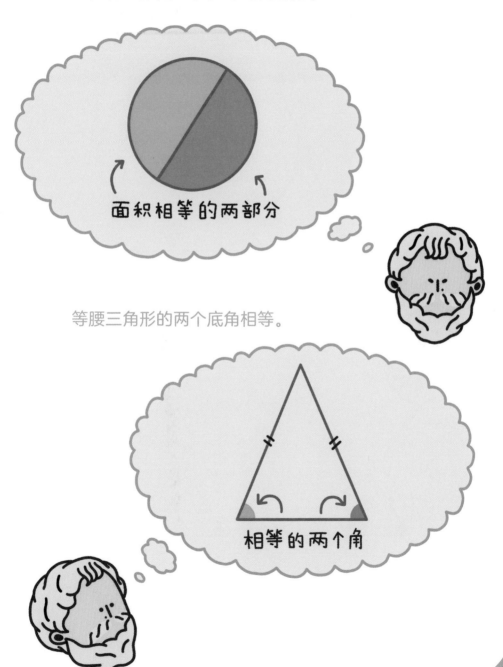

面积相等的两部分

等腰三角形的两个底角相等。

相等的两个角

两条相交直线形成的对顶角相等。

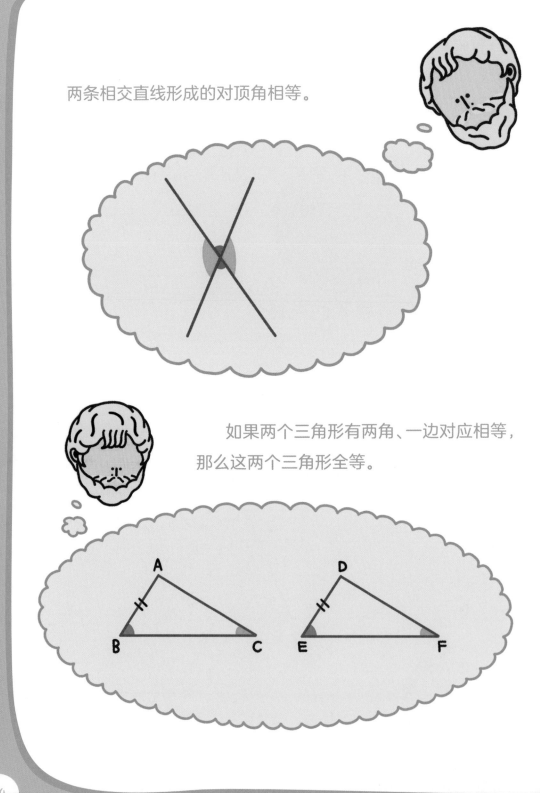

如果两个三角形有两角、一边对应相等，
那么这两个三角形全等。

泰勒斯还发明了数学证明题，开启了命题证明的先河——这标志着人类对客观事物的认识从感性上升到理性，这是数学史上的一次飞跃。泰勒斯借助一些真实性已经得到确认的命题，来揭示数学定理之间的关系，让数学成为一个严密的体系。不仅如此，他用逻辑思维代替神话思维，让人们摆脱"神"的束缚，开启了人类运用理智探索宇宙的漫长旅程。在泰勒斯思想的带动下，又经过人们数百年的努力，科学空前繁荣的时代出现了。泰勒斯的首创之功不可磨灭。

不懂几何学者，请勿入内。

——柏拉图

勾股定理的证明

毕达哥拉斯生平

地中海是一个内海，它的北边是欧洲，南边是非洲，东边是亚洲。地中海的东北部是爱琴海，那里有着古老灿烂的古希腊文明。爱琴海的东部有一座萨摩斯岛，面积有 400 多平方千米，相当于我国东海的舟山岛。在希腊众多的岛屿中，萨摩斯岛的大小位列第九。约公元前 580 年，毕达哥拉斯在萨摩斯岛出生，他的父亲来自遥远的地中海东岸的腓尼基，因为经商来到萨摩斯岛，后来和岛上的一个女孩结婚。毕达哥拉斯是家里的第一个孩子。

父亲喜欢带着毕达哥拉斯到处旅行，在毕达哥拉斯 7 岁那年，父亲把他送到自己的故乡提尔。提尔（在今黎巴嫩南部）是腓尼基的一座重要港口，也是远近闻名的商业城市，因为账目计算的需要，当地的算术得到了很大的发展。正是在提尔，毕达哥拉斯学习了算术和数论技巧。在提尔短暂生活了一段时间之后，毕达哥拉斯回到萨摩斯岛，在当地的文法学校学习拼写和计算，并在诗歌学校学习诗歌和音乐。

小时候的毕达哥拉斯并没有显现出惊人的天赋。18 岁时，毕达哥拉斯为了继续深造，一个人来到当时小亚细亚比较繁华的都市米利都，希望能获得泰勒斯的指教。

但泰勒斯以年纪大了为由拒绝收毕达哥拉斯为弟子，他把毕达哥拉斯推荐给了自己的一位学生，也是同城的另一位哲学家阿那克西曼德。

腓尼基人

腓尼基人擅长航海和经商，推崇积极进取的海上贸易文化。公元前 8 世纪开始，出于商业目的，腓尼基人在地中海地区开始殖民活动，他们是探险家、旅行者、商人。迦太基是腓尼基人最著名的殖民地，以迦太基为中心，腓尼基人建立了布匿文明（公元前 814 年~前 146 年），其核心区域位于今突尼斯东北部。腓尼基人的贸易帝国非常庞大，曾是古希腊人争夺贸易霸权的竞争对手。

阿那克西曼德

阿那克西曼德是把日晷引入希腊的第一人，日晷是一种通过测量太阳影子的长度和方向来计时的仪器，他还用几何学的比例来绘制地形图和天文图。他认为人和动物都是从鱼演变而来，这一说法后来也被毕达哥拉斯融入自己的学说。后人认为阿那克西曼德是提出进化论的第一人，也是生物学的创始人。他创作了古希腊的第一部哲学著作《论自然》，但已失传。

到了而立之年，毕达哥拉斯把家业留给两个弟弟，自己离家去远方游历，他乘坐帆船抵达了当时的埃及的某座港口。

作为人类文明发祥地之一的古埃及，在毕达哥拉斯所处的时代已经衰落，饱受强大的波斯帝国的威胁。毕达哥拉斯在埃及居住了 10 年，对这个国家的语言、历史、数学、神话和宗教都有了非常透彻的了解，同时他通过宣传和讲学把希腊的神话和哲学介绍给当时的埃及人。后来，波斯人入侵埃及，毕达哥拉斯和当时埃及境内所有的希腊人一起，被俘虏到已经成为波斯人领地的巴比伦。正是在巴比伦，毕达哥拉斯又一次获得了学习的良机。

古埃及文明

　　尼罗河流经北非广袤的沙漠，河流两岸孕育了延续约3000年的古埃及文明。古埃及人发明了自己独特的书写体系，还设计了人类历史上最早的历法，把一年确定为365天。金字塔是古埃及文明的象征，里面安葬着代表神明统治整个埃及的法老。

◆ 演讲中的毕达哥拉斯

　　与古埃及文明的发祥地尼罗河一样，孕育了苏美尔文明和古巴比伦文明的底格里斯河和幼发拉底河也是人类文明最早的发祥地之一。巴比伦人在数学，尤其是代数学方面成就卓越，他们创造了六十进制，把一天分为24小时、每小时分为60分钟、每分钟分为60秒。这些标准至今仍在我们的日常生活中使用。

　　在巴比伦生活了5年后，毕达哥拉斯乘船回到了萨摩斯岛。这距他离开时，已经过去了19年，比后来去印度的我国东晋的法显和唐朝的玄奘，以及到东方的意大利人马可·波罗离开故乡的时间还要长。可是在故乡，毕达哥拉斯并没有受到应有的尊重。在50岁那年，毕达哥拉斯不得不再次离开萨摩斯，去往意大利亚平宁半岛最南端的克罗托内。毕达哥拉斯在当地的演讲大获成功，很快便拥有了一大批拥戴者。在这些拥戴者中，有一位奥运跳远冠军，他把自己的哑女狄亚诺许配给了毕达哥拉斯。从此，毕达哥拉斯过上了安定的生活，并生下了一双儿女。毕达哥拉斯在克罗托内郊外开办了一所被称为"城中之城"的学校，广收弟子，创立了毕达哥拉斯学派。

毕达哥拉斯学派很重视数学，宣称数是宇宙万物的本源，试图用数来解释一切。对毕达哥拉斯学派来说，研究数学的目的并不在于实用，而是为了探索自然的奥秘。这个学派还有一个特点，就是将算术和几何紧密联系起来，如把算术中的单位看作"没有位置的点"，而把几何中的点看作"有位置的单位"。毕达哥拉斯学派发现了特殊的数和数组，如完全数、友好数、三角形数、毕氏三数……这些发现有的被应用于日常生活，有的则在近代被提炼出更加深刻的结论。

完美数

完美数又称完全数或完备数，是指除它自身以外的因子——如果一个整数能被另一个整数整除，后者就是前者的因子，也叫因数——之和恰好等于其本身的正整数。

毕达哥拉斯或许是最早研究完美数的人，他求得 6 和 28 是完美数。因为，6 和 28 分别只有 3 个（1、2、3）和 5 个（1、2、4、7、14）真因子，且

6=1+2+3

28=1+2+4+7+14

据说完美数 6 是每星期 7 天的原因，从前人们每周工作 6 天，休息 1 天。

如何证明勾股定理？

在毕达哥拉斯的时代，希腊还没有用字母来表示线段的长度，据说毕达哥拉斯曾经用诗歌描述了自己发现的第一个定理。

斜边的平方，

如果我没有弄错，

等于其他两边的

平方之和。

这个定理之前曾被巴比伦人和中国人发现，但是毕达哥拉斯是第一个给出严格证明的人。

勾股定理的证明是毕达哥拉斯的重要贡献之一。毕达哥拉斯采用了下面这种方法来进行论证。

假设 a、b、c 分别表示直角三角形的两条直角边和斜边。要计算边长为 a+b 的正方形面积，可以把这个正方形分成 5 部分，即一个以斜边 c 为边长的小正方形和 4 个与给定的直角三角形全等的三角形。用两种方法求面积，就可以得到：

$$(a+b)^2 = c^2 + 4\left(\tfrac{1}{2}ab\right)$$

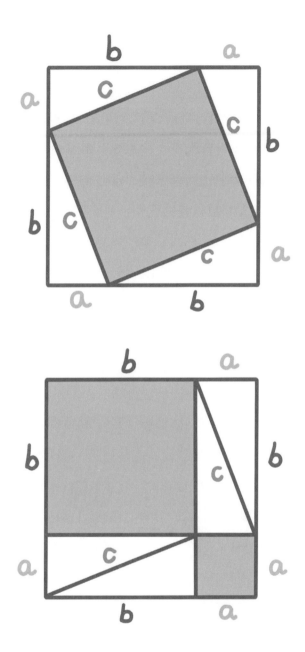

经过约减，即可以得到：

$$a^2 + b^2 = c^2$$

发现黄金分割比

据说，大约在公元前 550 年，毕达哥拉斯发现了音乐是由一个整数比支配的，这个比值后来被称为黄金分割比。黄金分割是指将一个整体一分为二，较大部分与整体的比值等于较小部分与较大部分的比值。这个比值约为 0.618，被公认为是最美的比例，叫作"黄金分割比"或"黄金分割率"。

如果用线段表示，就是把一条线段 AB 分割为两部分。

较长部分 AC 与全长 AB 的比值等于较短部分 CB 与较长部分 AC 的比值。

$$\frac{AC}{AB} = \frac{CB}{AC}$$

线段长度 AC 和 CB 满足上述比例关系时，C 点就被称为"黄金分割点"。

大家可以量一量自己的小指。一般来说，成人小指的第一指节 AC 的长度约为 21mm，第二指节 CB 的长度约为 13mm，两指节 AB 的总长度约为 34mm。

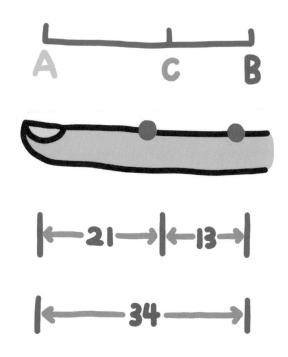

第二指节 CB 和第一指节 AC 的比值恰好约等于第一指节 AC 和两指节 AB 的比值，它们的比例接近黄金分割比。也就是：

$$13 \div 21 \approx 0.619$$

$$21 \div 34 \approx 0.617$$

自然界中也存在着黄金分割比。例如，在太阳系的八大行星里，地球离太阳是第三近的，金星离太阳是第二近的，地球绕太阳转一圈所需要的时间，也就是我们说的公转周期，是 365.26 天。那么，金星绕太阳转一圈需要多长时间呢？答案是 224.7 天，这个数字和 365.26 的比值接近于黄金分割比。

除了黄金分割比，还有黄金矩形，也就是短边与长边之比为 0.618 的矩形。我们在很多艺术品和大自然中都能找到它，比如希腊雅典的帕特农神庙和达芬奇画中人物的脸部构图都是黄金矩形。

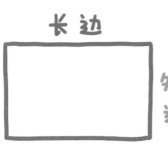

短边＝长边× 0.618

◆ 希腊雅典的帕特农神庙

神秘的数和音乐

在毕达哥拉斯看来，数学的一切理念都应该是美的。不仅如此，音乐的美也建立在数学的基础之上。在古希腊，音乐主要是指乐器伴奏的单声部音乐，如齐唱。到毕达哥拉斯的时代，音乐成为一门独立的艺术。今天我们熟悉的术语，如音乐（music）、旋律（melody）、节奏（rhythm）、和声（harmony）等都是从希腊语转化而来。毕达哥拉斯擅长演奏的乐器是里拉琴，他是最早把音乐用于教育的人，毕达哥拉斯学园里每天上的第一节课便是音乐课。

◆ 毕达哥拉斯在进行和声实验

毕达哥拉斯的思想持续影响了后世。在中世纪时，他被认为是算术、几何、音乐、天文的倡导者和鼻祖。在天文学方面，毕达哥拉斯最早发现晨星和昏星是同一颗星，也即金星；他首创地圆说，认为大地是球形的。欧洲文艺复兴以后，他的观点如黄金分割比被应用于美学。16世纪初期，波兰人哥白尼把他的"日心说"归属于毕达哥拉斯的哲学体系；稍后，发现自由落体定律的意大利人伽利略，也认为自己是毕达哥拉斯主义者；而17世纪创建微积分学的德国人莱布尼茨则称自己为毕达哥拉斯主义的最后一位传人。

◆ 位于意大利克罗托内的毕达哥拉斯学园遗址

给我一个支点，我可以撬动地球。

——阿基米德

撬动地球的支点

阿基米德生平

　　公元前 287 年，阿基米德出生在地中海最大的岛屿——西西里岛东南的叙拉古（今意大利锡拉库萨）。在阿基米德生活的年代，古希腊的鼎盛时期已经过去，经济、文化中心转移到埃及北部的港口城市亚历山大。与此同时，亚平宁半岛上新兴的罗马帝国，正在不断地扩张。阿基米德就生长在这个新旧交替的时代，而叙拉古也成为许多势力的角力场所。

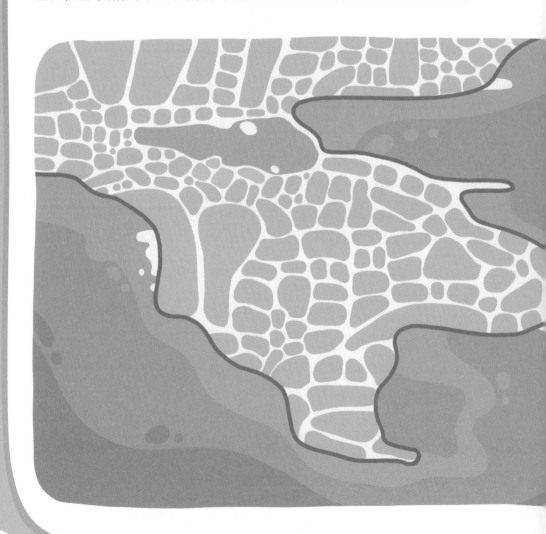

阿基米德出身贵族，他的父亲菲迪亚斯是一位天文学家兼数学家。阿基米德天资聪颖，从小受父亲影响，对数学和天文学，特别是几何学产生了浓厚的兴趣。11岁时，阿基米德就漂洋过海到埃及的亚历山大求学，当时那里是西方世界的文化、贸易中心，还有一座著名的亚历山大图书馆。在这座号称"智慧之都"的名城，学者云集，数学、天文学、医学较为发达，阿基米德在这里博览群书，汲取知识，并跟随欧几里得的学生埃拉托色尼学习，为日后从事科学研究打下了基础。

◆ 叙拉古的奥提伽岛，阿基米德在此抗击罗马人

据说阿基米德在亚历山大时，对力学的研究颇深。他经过反复实验，发明了螺旋装置。他把这种装置放在水管里，制造出筒状的螺旋扬水器。扬水器通过旋转装置把水从低处送往高处，省时省力。这个发明直接解决了埃及旱季农田的灌溉问题，并一直沿用至今。

◆ 阿基米德螺旋扬水器

力学之父

阿基米德是叙拉古统治者希罗王的亲戚，和王子格伦是朋友，后来格伦继承了王位。公元前1世纪的罗马建筑师、作家维特鲁威在其著作《建筑十书》第九卷中，记叙了阿基米德和希罗王一则千古传诵的逸事。

传说希罗王决定打造一个纯金的王冠，以报答神灵的恩泽。他找了一个金匠，把黄金交给他。金匠如期完成了任务，王冠十分精美，希罗王也很满意。但这时有人告密，说金匠偷了一部分金子，并将同等重量的银子掺进了王冠里。希罗王听后非常生气，却又无法判断真假，他总不能把打造好的王冠拆开吧。这可怎么办呢？最后他决定请聪明博学的阿基米德来帮忙鉴定。

一开始，阿基米德也被这个问题难住了。他苦思冥想，寝食难安，一直找不到解决办法。有一天，他进入装满水的澡盆时，发现一部分水溢出了澡盆外。阿基米德恍然大悟，他高兴得跳了起来，大声喊着："我发现了！"他终于想到了一个方法，来判定王冠有没有掺入银子。

我发现了！

　　阿基米德认为：同等体积下，金子比银子重；同等重量下，金子的体积则比银子的体积小。如果王冠里掺有银子的话，那么它的体积肯定比同等重量的纯金王冠的体积大。不同的王冠虽然重量相同，但体积不同，排出的水量也一定不一样。阿基米德运用这个办法进行鉴别，最后判定王冠中确实掺了银子。在事实面前，金匠只得低头认罪。

阿基米德不仅揭穿了金匠的谎言，还发现了著名的阿基米德原理。

　　放在液体中的物体受到向上的浮力，其大小等于物体所排开的液体所受的重力。

从此，人们对浮力有了科学的认识，这一原理也奠定了流体静力学的基础。

阿基米德有一句豪言壮语："给我一个支点，我可以撬动地球。"他不是在吹牛吧？当然不是，他的这句话只是为了说明杠杆原理。在《论平面图形的平衡》一书中，他提出了杠杆定律——杠杆两端的物体的重量比和它们离支点的距离成反比。

　　阿基米德深知杠杆力量的强大，曾向希罗王夸下海口：任何重物都可以用一个给定的力来移动。国王听后半信半疑，要求阿基米德证明给他看。阿基米德运用杠杆原理，设计出杠杆滑轮系统。他从国王的船队中选了一艘有三根桅杆的货船，它通常需要很多人花大力气才拖得动。阿基米德设计了一套精巧的杠杆滑轮系统，把这套系统安装在船的前后左右后，阿基米德让人在大船前面，抓住一根绳子缓缓拉动，大船慢慢地滑入了海中。国王看得目瞪口呆，对阿基米德佩服得五体投地，当众宣布"从现在起，阿基米德说的话我们都要相信"。

数学之神

阿基米德对机械学的兴趣深深地影响了他的数学思想。《论球体和圆柱体》可能是他最得意的数学著作。书中给出了 6 个定义和 5 个公理。例如，两点之间的所有连线，直线最短；以相同的平面曲线为边界的曲面中，平面的面积最小。其中最著名的公理也叫阿基米德公理，用现代数学语言来描述就是：

任给两个正数 a 和 b，必存在自然数 n，使得 na > b

从这些定义和公理出发，阿基米德推导出了 60 个命题。例如，阿基米德发现并证明了：球的表面积等于它的大圆面积的 4 倍，球的体积等于以它的大圆为底、半径为高的圆锥体积的 4 倍。后者意味着：以球的大圆为底、直径为高的圆柱的体积是球体积的 3/2。实际上，这便是著名的球体积公式：

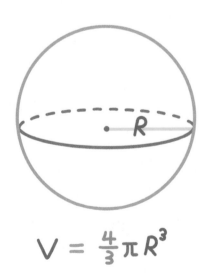

> V 为球体体积
> π 为圆周率
> R 为球体半径

$$V = \frac{4}{3}\pi R^3$$

阿基米德的另一部著作《论圆的测量》中有 3 个命题，都是有关圆的面积和圆周率的，同样影响深远。虽说欧几里得在《几何原本》里讨论了许多圆的性质，却压根没提圆周率的值和圆的面积、周长的计算公式。阿基米德弥补了这一不足，其中命题一是这样叙述的：圆的面积等于一个以其周长和半径为两条直角边的直角三角形的面积。

简单地说就是：

圆的面积等于半径乘半周长。

这与中国数学古籍《九章算术》里的说法"半周长半径相乘得积步"，或者公元 263 年刘徽注释的说法"半周乘半径为圆幂"是一样的。

◆ 十四巧板

羊皮书稿——失传的《方法论》

1906 年，丹麦文献学家海伯格在土耳其的伊斯坦布尔发现了阿基米德《方法论》的羊皮书，此前都认为这部著作已经失传。当年，海伯格发现的羊皮书包括《方法论》和《十四巧板》以及希腊文《论浮体》的孤本，这也是幸存下来的最古老的阿基米德论著的希腊文手稿。

英雄挽歌

谁也想不到，这位光芒四射的天才竟然死于战争。

由于商业、交通和殖民利益等的冲突，从公元前264年到前146年，腓尼基人的王国迦太基与罗马帝国发生了3场战争，史称布匿战争，其中以第二次布匿战争最为惨烈。

由于叙拉古与迦太基结成同盟，叙拉古又正好位于罗马船舰征战迦太基的必经之路上，叙拉古成了罗马人攻占的目标。公元前214年，罗马名将马塞勒斯率军亲征，围攻叙拉古。

罗马士兵　🦋　迦太基士兵

　　古罗马历史学家李维在《罗马史》中记载：兵荒马乱，罗马士兵大肆杀戮。阿基米德正面对着地上的一幅沙图思考，一名经过的罗马士兵将他当成敌人刺死，而这位罗马士兵根本不知道他杀死的是一个怎样的天才。据说，阿基米德被杀死后，马塞勒斯非常悲痛，给阿基米德立了一座碑，并让人在墓碑上刻上"球内切于圆柱"的图案，以示对这位天才的纪念。

　　阿基米德取得的卓越成就，离不开他的努力和坚持。他的研究方法有一个显著的特点——重视科学的严密性、准确性，要求对每一个问题都进行精确的、合乎逻辑的证明。

割之弥细，所失弥少……

——刘徽

圆周率的中国算法

古代中国的数学

1795 年，对中国数学来说是个重要的年份，因为《畴人传》开始编纂。"畴人"是指中国古代专门执掌天文历算的人，往往是父子世代相传。魏晋南北朝时期的祖冲之和他的儿子祖暅（xuǎn），即是其中的典范。《畴人传》的编纂标志着中国开始有了系统地记载天文、数学方面的科技人物和创造发明的书籍。

数学早在周朝就被列入儒家必须学习的"六艺"，后来才渐渐不被重视。因为在当时的统治者看来，数学是"九九贱技"，他们认为沉迷数学的人会"玩物丧志"。虽然古代中国在科技上取得了辉煌的成就，但与儒家经典研究相比，数学受重视的程度远远不够。

◆ 康熙朝地球仪

　　到了明朝末年，因为计算历法的需要，数学研究才又渐渐活跃起来。清朝康熙皇帝执政晚期，设立了算学馆；乾隆皇帝接受大臣的建议，将一些失散已久的数学著作收入《四库全书》。一时间，掌握天文数学知识，也成为学者谋求升迁的途径。

祖冲之生平

　　每年的 3 月 14 日是国际数学节，也是圆周率日。说到圆周率，我们自然会想起我国古代数学家——祖冲之。429 年，祖冲之生于南朝的政治和经济中心建康（今江苏南京）。自从 317 年晋室（东晋）南迁以来，江南地区经济迅速发展，出现了一些繁荣的城市，建康是其中较为突出的代表。祖冲之的一系列成就也要归功于这一时期建康城的繁荣。

我出生在建康。

祖冲之出生在一个官宦人家，他的曾祖父在东晋时官至侍中、光禄大夫，相当于宰相和国策顾问。他的祖父和父亲都在南朝做官，祖父是大匠卿，掌管宫室、宗庙、陵寝等的土木营建；父亲是奉朝请，这是一个闲散的官职。他经常被邀请参加皇室的典礼、宴会。他们家族的成员，都很博学，且对天文历法颇有研究。祖冲之从小聪敏好学，在家庭环境的熏陶下，他对自然科学，特别是天文学产生了浓厚的兴趣，加上勤奋，他在青年时代就被视为博学之才。

20岁时，祖冲之被孝武帝派到当时朝廷的学术研究机关——华林学省，后来又被派到设在南京朝天宫冶山的总明观任职。当时的总明观是全国最高的科研学术机构，相当于现在的中国科学院。

祖冲之在天文学、数学，乃至机械制造领域都取得了杰出的成就。他曾在著作中写道：自幼起"专攻数术，搜拣古今"。祖冲之喜欢搜罗各种文献资料进行研究，他并不盲目相信古人，勇于独立思考，敢于大胆怀疑。在接受前人学术遗产的基础上，他日复一日地进行精密的测量和仔细的推算，勇于提出自己的新见解。他的努力也让他最终攀上了科学的高峰。

祖冲之与刘徽

在数学领域，祖冲之与比他早两百多年的魏晋时期的数学家刘徽一脉相承。刘徽发明了计算圆周率的割圆术和计算球体积的方法。由圆面积的计算公式可以得知：只要得出圆的面积，再除以半径的平方，就能够计算出圆周率。

割圆术

刘徽从圆内接正六边形开始，依次将边数加倍，求出内接正十二边形、正二十四边形、正四十八边形等的面积。随着边数的增加，内接正多边形的面积越来越接近圆的面积，圆面积和圆周率的精确度就越高。

祖冲之与圆周率

古代，在中国和巴比伦等地，人们都把 3 作为圆周率。古埃及人计算得较为准确，他们得到的圆周率为 3.1。刘徽用他的割圆术，求得圆周率为 3.14，这与古希腊数学家阿基米德算得的圆周率一致。

祖冲之计算出的圆周率范围为：

$$3.1415926 < \pi < 3.1415927$$

祖冲之计算出的圆周率精确到小数点后 7 位。圆周率对当时的人来说非常有用，因为那时的量器大多是圆柱形的。有了较为准确的圆周率数值

我算出小数点后 7 位的圆周率。

后，人们做出的量器就能准确地测定容积了。在经过了 962 年之后，阿拉伯数学家卡西才得出更精确的圆周率。卡西简化了计算公式，将圆周率精确到小数点后 17 位。

什么是圆周率？

一个圆的圆周的长度即圆周长，从圆周上的两点通过圆心的距离即直径，用圆周长除以直径，得到的数值就是圆周率，用希腊字母 π 表示。

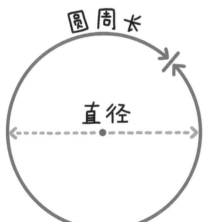

圆周长

直径

$$\frac{圆周长}{直径} = π = 3.14159\cdots\cdots$$

计算圆周率的工具

祖冲之是怎么算出圆周率的？很遗憾，这个问题已经无从考证，因为祖冲之的著作全部失传了，而记载祖冲之圆周率值的《隋书》对此又没有具体说明。由于当时只有刘徽的割圆术一种计算方法，因此我们只能猜测祖冲之用的也是这种方法。

在祖冲之生活的年代，还没有算盘，人们使用一种叫算筹的计算工具，它们是一根根几寸长的方形小棍子，用竹、木、铁、玉等材料制成。计算数字的位数越多，算筹摆放的面积就越大，每用算筹计算一次就要用笔记下结果，无法得到直观的图形和算式。因此，只要计算过程中的任何一步出现误差，就得从头开始再算一遍。经过反复筹算，祖冲之最终求得了圆周率的精准数值。

算筹如何计数？

算筹分为红色和黑色两种，红色算筹代表正数，黑色算筹代表负数。算的表示方法分为竖式和横式，表示多位数时，个位用竖式，十位用横式，百位用竖式，千位用横式。

阿拉伯数字	1	2	3	4	5	6	7	8	9
竖式	⎮	⎮⎮	⎮⎮⎮	⎮⎮⎮⎮	⎮⎮⎮⎮⎮	⊤	⊤⎮	⊤⎮⎮	⊤⎮⎮⎮
横式	一	二	三	三	三	⊥	⊥	⊥	⊥

千位	百位	十位	个位	
三	⊤		⎮⎮	3602
	⎮⎮⎮⎮	三	⎮	431
		三	⎮⎮⎮	-43
	⎮⎮⎮⎮⎮		⊤⎮⎮⎮	-509

发明家祖冲之

除了计算出准确的圆周率，祖冲之还利用刘徽提出的"牟合方盖"方法，得到了阿基米德的球体积计算公式，不过也可能是他的儿子祖暅完成的。此外，祖冲之还是一位孜孜不倦的发明家。他对机械很有研究，曾经改造过指南车、水碓磨、千里船、木牛流马、漏壶等，他博学多才，可以与毕达哥拉斯、阿基米德比肩。

指南车

"指南车"这个名字由来已久，不过它具体的运转机制和内部构造图没有流传下来。据说，三国时期的大发明家马钧曾制造出指南车，祖冲之对其进行了改造。

祖冲之还制造了一种运输工具，它不借助风力、水力、人力，只要扳动机关，就能自动运行。但因缺乏相关资料，现在已无法想象这是怎样的一种机械。他还造出了千里船，这是一种行驶起来非常快的船。祖冲之还将水碓和水磨结合在一起，制造出组合式水力工具——水碓磨。

◆ 相传祖冲之建造的千里船

多才多艺的祖冲之

祖冲之的成就不仅限于科学技术方面，他还精通乐理，对音律很有研究；他棋艺高超，当时很少有人能胜过他。另外，祖冲之注《周易》《老子》《庄子》、释《论语》，可惜这些著作与他的数学书《缀术》一样都已经失传。他还著有文学作品《述异记》，在宋代的《太平御览》等古籍中，还可以看到《述异记》的片段摘录。

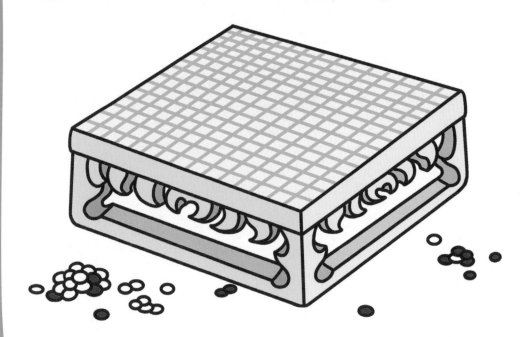

为纪念祖冲之对人类科学做出的贡献，1954 年，我国选用祖冲之等 4 位古代科学家的肖像制作了纪念邮票。1964 年 11 月 9 日，紫金山天文台将当年发现的、国际永久编号为 1888 的小行星命名为"祖冲之星"。2021 年，中国科学技术大学研制的一台量子计算原型机被命名为"祖冲之号"。祖冲之不仅在中国享有盛名，在世界上也备受推崇。国际天文学家联合会将月球背面的一座环形山命名为"祖冲之环形山"。

◆ 进入宇宙的祖冲之

伊斯法罕：世界的一半。

——波斯谚语

平行线问题

海亚姆生平

欧玛尔·海亚姆是伊朗诗人、哲学家、天文学家和数学家。1048 年，海亚姆出生在尼沙浦尔（今伊朗内沙布尔），他的父亲是个手艺人，在波斯语中，"海亚姆"的本意为"帐篷工匠"。

尼沙浦尔

这座边陲小镇位于沙漠边缘，以出产原棉、丝绸和宝石闻名，是波斯帝国的贸易重镇，曾在丝绸之路上熠熠生辉。尼沙浦尔也因此成为伊斯兰世界的经济、文化中心，随着东西方思想文化的交流，这里聚集了很多文人学者。

海亚姆先在家乡，后在今阿富汗北部小镇巴尔赫接受教育。他从小就喜欢读书。据资料记载，他涉猎广泛，对数学、物理学、天文学、哲学、历史、文学等学科都有研究，还研读了大量译成阿拉伯文的古希腊学术著作，学术底蕴丰厚。在海亚姆的青年时代，时局动荡。海亚姆在《代数学》的序言中写道："我不能集中精力去学习代数学，时局的变乱阻碍着我。"在 1070 年前后，20 岁出头的海亚姆离家远行，一路向北，来到中亚最古老城市之一的撒马尔罕。

　　海亚姆到撒马尔罕是应当地一位有较高政治地位和影响力的大学者的邀请。他在大学者的庇护下，安心从事数学研究，完成了代数学的重要发现，其中包括三次方程的几何解法，这在当时算最深奥、最前沿的数学研究。在这些成就的基础上，海亚姆完成了一部划时代的代数学著作《还原与对消问题的论证》——后人简称为《代数学》，他也因此成名。

不久，海亚姆应塞尔柱帝国第三代苏丹马利克沙的邀请，西行至伊斯法罕，管理那里的天文台，主持天文观测并进行历法改革。他在伊斯法罕工作了 18 年之久，这是他一生中最安宁的日子。

◆ 伊斯法罕的古建筑

伊斯法罕

伊斯法罕是伊朗的第三大城市，距离首都德黑兰 340 千米，以宏伟的清真寺、大广场、水渠、林荫道和桥梁闻名。有一句波斯谚语流传至今——"伊斯法罕：世界的一半"。市中心的皇家广场在 1979 年被列入《世界遗产名录》。

马利克沙统治下的伊斯法罕以金光灿烂的清真寺、海亚姆的诗篇和历法改革闻名，其中后两项与海亚姆直接相关。在伊斯法罕的这段日子也是海亚姆一生中最辉煌的时期。

晚年的海亚姆曾去麦加朝觐，苏丹死后，他独自一人返回了故乡尼沙浦尔，招收了几个弟子。海亚姆终生未娶，既没有子女，也没有遗产。他死后，他的学生将其安葬在郊外的桃树和梨树下。

海亚姆的数学成就

海亚姆的数学著作《算术问题》的原稿保存在荷兰的莱顿大学，可惜也只剩下封面和几张残页，其他内容都遗失了。幸运的是，他最重要的一部著作《代数学》流传了下来。

中世纪的阿拉伯数学家对圆锥曲线做了很多探索，海亚姆的成就是"用圆锥曲线解三次方程"。

圆锥曲线

　　圆锥曲线包括椭圆（包括圆）、双曲线和抛物线。圆锥曲线可以通过圆锥与平面相交而得。

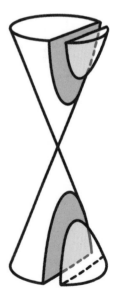

圆　　　　椭圆　　　　抛物线　　　　双曲线

在高中数学中，我们会学到"用圆锥曲线解三次方程"。"三次方程"最早可追溯到古希腊的倍立方体问题，即求一个立方体，让它的体积等于已知立方体的两倍，转化成方程就成了 $x^3 = 2a^3$。公元前 4 世纪，柏拉图学派的梅内克缪斯发现了圆锥曲线，将上述解方程问题转化为求两条抛物线的交点，或一条抛物线与一条双曲线的交点。这类问题引起了阿拉伯数学家极大的兴趣。海亚姆将方程进行系统的分类，考虑了三次方程的所有形式，每种方程都给出了几何解法。

在几何学领域，海亚姆也有两项贡献，第一是在比和比例问题上提出新的见解；第二便是对欧几里得第五公设，也就是平行公设的批判性论述和论证。

自从欧几里得的《几何原本》传入阿拉伯国家后，第五公设就引起了很多数学家的关注。

《几何原本》

欧几里得写于公元前 300 年左右的古希腊数学著作，是流传最广、影响最大的世界数学名著。中国最早的译本是 1607 年意大利人利玛窦和徐光启根据拉丁文本合译的，其译名为《几何原本》，中文"几何"的名称也由此而来。

第五公设是这样一条公理：如果一条直线和两条直线相交，所构成的两个内角之和小于两个直角，那么把这两条直线延长，它们一定在那两内角的一侧相交。

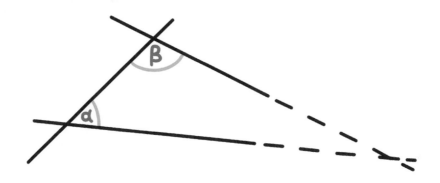

这一表述实在太复杂，也不那么显而易见，现代数学将其简化为：

过直线外一点能且只能作一条平行线与此直线平行。

1077 年，海亚姆在伊斯法罕撰写了一部新书——《辩明欧几里得几何公理中的难点》，他试图用前四条公设推出第五公设。海亚姆考察了四边形 ABCD，假设角 A 和角 B 均为直角，线段 DA 和 CB 长度相等；由对称性可知，角 C 和角 D 相等。

◆ 用以证明第五公设的四边形

　　海亚姆意识到，要推出第五公设，只需证明角 C 和角 D 均为直角。因此，他先后假设这两个角为钝角、锐角，想从中导出矛盾，根据反证法就只剩下直角的假设成立，这样就证明了第五公设。有意思的是，这种解决问题的方法与 19 世纪才诞生的非欧几何学有着密切的联系。

　　遗憾的是，海亚姆并没有证明第五公设，他的论证是有缺陷的。他所证明的是，第五公设可以用下述假设来替换：如果两条直线越来越接近，那么它们必定在这个方向上相交。

　　尽管海亚姆没能证明第五公设，但他的思想影响了后来的许多数学家。

诗人海亚姆

　　海亚姆不仅仅是数学家，还是伟大的诗人。他在潜心钻研的同时，也悄悄地用诗歌的形式把自己的思想记录下来。海亚姆的诗歌叙述简明、用词朴实，每一首都只有四行字。海亚姆的诗集《鲁拜集》是有着世界影响力的作品，20世纪著名的英国诗人T.S.艾略特就深受海亚姆的影响。

◆ 英国诗人 T.S. 艾略特

数学家信息卡

泰勒斯
（Thales，约公元前 624 年—前 547 年）
出生地：米利都（今属土耳其）
逝世地：米利都

毕达哥拉斯
（Pythagoras，约公元前 580 年—前 500 年）
出生地：希腊萨摩斯岛
逝世地：意大利塔兰托

阿基米德
（Archimedes，约公元前 287 年—前 212 年）
出生地：叙拉古（今意大利锡拉库萨）
逝世地：叙拉古

祖冲之
（429 年—500 年）
所处朝代：南北朝
出生地：建康（今江苏南京）
逝世地：不详

欧玛尔·海亚姆
（Omar Khayyam，1048 年—1131 年）
出生地：尼沙浦尔（今伊朗内沙布尔）
逝世地：尼沙浦尔

词汇表

欧几里得

Euclid,
生卒年不详，活跃时期约
公元前 300 年

古希腊数学家，被称为"几何学之父"。创立的欧几里得几何学是古希腊最重要的文化遗产之一。把古希腊的几何学成果整理为一个严谨的体系，使几何学成为一门独立的学科。他的著作《几何原本》两千多年来一直被认为是学习几何学的范本。

托勒密

Claudius Ptolemaeus
90 年—168 年

古希腊天文学家，生于埃及的托勒马达伊，求学于亚历山大。《天文学大成》是他的重要著作，其中提出了地球是宇宙中心的地心说，直到 16 世纪才被文艺复兴时期的波兰天文学家哥白尼推翻。

柏拉图

Platon
公元前 427 年—前 347 年

古希腊哲学家。早年跟随哲学家苏格拉底学习，后来在希腊雅典建立了著名的柏拉图学园，并进行讲学，哲学家亚里士多德是他的弟子。讲学中的对话集成为他的代表作，其中就包括《理想国》。

伊奥尼亚

伊奥尼亚人是古希腊民族的一个分支，他们居住的小亚细亚西部以及附近岛屿地区被称为伊奥尼亚地区，该地区有包括米利都在内的 12 个城邦。

阿拔斯王朝

古代阿拉伯帝国的王朝，在中国史籍中被称为"黑衣大食"，共存在了 500 多年的时间（750 年 –1258 年），最后被蒙古帝国所灭。

《汉穆拉比法典》

古巴比伦第六代国王汉穆拉比颁布的法典，是迄今为止人类历史上最早的成文法典。被刻在一块高约 2 米的石碑上，于 1901 年在今伊朗西南部的苏萨城遗址被发现，现藏于巴黎卢浮宫。

拜占庭帝国

罗马帝国分裂为东、西两部分后，西罗马帝国在 5 世纪灭亡，而继续存在了 1000 多年的东罗马帝国就是拜占庭帝国，其都城是君士坦丁堡，也就是今土耳其的伊斯坦布尔。拜占庭人吸收了罗马和希腊的古典文化中的精华，创造了风格独特的拜占庭文化。

直布罗陀海峡

位于欧洲伊比利亚半岛和非洲西北部之间，海峡的北岸是西班牙，南岸是摩洛哥，自古以来就是沟通大西洋和地中海的咽喉要道。

闪米特语

有 4000 多年文字记载的古老语言。阿拉伯语和希伯来语都属于闪米特语族。简单的元音系统是闪米特语的特点之一，它只有 3 个元音，所以希腊人在改造派生自闪米特语的腓尼基字母时，把其中的几个辅音字母改造成了元音字母。

塞尔柱帝国

也称塞尔柱王朝，是曾臣属于突厥的乌古斯人于 11 世纪在西亚建立的伊斯兰帝国，疆域包括伊朗、小亚细亚和叙利亚等地，其君主被尊称为"苏丹"。